Aliakbar Emamverdian

Conceção de competências

Aliakbar Emamverdian

Conceção de competências

Modelo de informação e conhecimento baseado
na modelação de capacidades para o sistema de
fabrico

ScienciaScripts

Imprint

Any brand names and product names mentioned in this book are subject to trademark, brand or patent protection and are trademarks or registered trademarks of their respective holders. The use of brand names, product names, common names, trade names, product descriptions etc. even without a particular marking in this work is in no way to be construed to mean that such names may be regarded as unrestricted in respect of trademark and brand protection legislation and could thus be used by anyone.

Cover image: www.ingimage.com

This book is a translation from the original published under ISBN 978-3-659-81318-4.

Publisher:
Sciencia Scripts
is a trademark of
Dodo Books Indian Ocean Ltd. and OmniScriptum S.R.L publishing group

120 High Road, East Finchley, London, N2 9ED, United Kingdom
Str. Armeneasca 28/1, office 1, Chisinau MD-2012, Republic of Moldova, Europe
Printed at: see last page
ISBN: 978-620-8-14869-0

ÍNDICE

RECONHECIMENTO

Quero expressar o meu mais sincero apreço e gratidão a todos os que tornaram possível a realização do meu mestrado. A minha mais profunda gratidão ao meu professor e mentor de vida, Prof. Dr. MajidHashemipour, pelos seus esforços contínuos, encorajamento, conselhos e por todos os esforços que realizou comigo para compreender este livro. Gostaria de agradecer aos meus queridos pais pelo seu apoio e encorajamento contínuos que me motivaram a continuar, sem os quais não seria capaz de realizar este livro.

Capítulo 1

INTRODUÇÃO

Atualmente, a concorrência global obriga as empresas a inovar, pelo que a existência de competências adequadas é um fator-chave de sucesso entre os concorrentes. Por outro lado, o enorme aumento do número de concorrentes proporciona um leque mais alargado de oportunidades para os consumidores. Por conseguinte, os paradigmas que contribuem para os mais elevados níveis de sucesso neste domínio são cruciais e vitais. As empresas industriais estão a tentar desenvolver os seus produtos para responder às necessidades dos clientes, utilizando uma vasta gama de informações e conhecimentos. A modelação da informação e do conhecimento é um paradigma bem conhecido para o sistema de gestão de dados da empresa e é uma boa tentativa de criar um esquema de base de dados da empresa. Para uma melhor tomada de decisões e para obter vantagens competitivas, as empresas precisam de armazenar, gerir e ter acesso às suas informações e conhecimentos simultaneamente. Deste ponto de vista, as empresas precisam de desenvolver um sistema de base de dados poderoso para armazenar e gerir as suas informações e conhecimentos.

1.1 Metodologia de investigação

A metodologia de investigação deste livro está subdividida em três fases, nomeadamente: fase de requisitos, fase de conceção e desenvolvimento e fase de implementação. A fase de requisitos é constituída por três tipos de diagramas, nomeadamente: diagrama de casos de utilização, que apresenta o sistema a um nível elevado de comunicação, diagrama de sequência, que mostra o funcionamento dos processos, e diagrama de actividades, que ilustra todo o fluxo do sistema. A fase de conceção e desenvolvimento trata da identificação e classificação da informação relacionada com os recursos e processos e o conhecimento correspondente. Nesta fase, são necessários diagramas de classes e diagramas de objectos adequados. Na fase de implementação, com base nos resultados das fases anteriores, é desenvolvida uma ferramenta para a tomada de decisões.

1.2Organização do livro

No Capítulo 2, a revisão da literatura mantém uma pesquisa de fundo para este tema, incluindo algumas descrições de diferentes pontos de vista. O Capítulo 3, ao fazer algumas definições básicas, criou de facto o aspeto claro para entrar no assunto. O Capítulo 4 é constituído por todo o caso realizado. E, no final do capítulo, apresenta-se uma nova ferramenta para a modelação de competências.

O capítulo 5 é constituído por uma conclusão e um resumo.

Capítulo 2

REVISÃO DA LITERATURA DO PONTO DE VISTA DA GESTÃO
ORGANIZACIONAL

2.1 Conceito de gestão estratégica

As correntes abrangentes que suportam quase todos os aspectos funcionais e técnicos da organização são a gestão estratégica. É um conceito pilar da gestão que engloba todos os domínios funcionais como o marketing, as finanças e a atenção aos recursos humanos, à produção e ao funcionamento, para uma base crítica na disciplina de gestão.

Por conseguinte, a fim de alcançar o sucesso organizacional, a gestão estratégica tem um contributo crucial do que qualquer papel funcional específico. Existe uma grande diferença entre a gestão estratégica e a gestão executiva. A gestão estratégica lida com questões ameaçadoras e com a ascensão dos níveis executivos na organização, enquanto a gestão de nível executivo lida com o nível específico da empresa. Uma das diferenças entre a gestão estratégica e a gestão executiva é o facto de a gestão estratégica ter um enfoque alargado, ao contrário da gestão executiva. No processo de gestão estratégica, os gestores de alto nível, como o presidente, o diretor-geral e os planeadores de nível empresarial, são mais indulgentes, mas, por outro lado, os domínios da gestão executiva dizem respeito a gestores mais funcionais e a outros funcionários.

A gestão estratégica apresenta o método, a abordagem e a técnica para definir a visão, a missão, os objectivos e as estratégias que podem ser os limites condutores para conceber estratégias funcionais noutras áreas funcionais relacionadas. Assim sendo, é a gestão de topo que abre caminho a outras gestões operacionais e actua como um farol na organização. O sucesso ou o fracasso de uma organização é determinado pela gestão estratégica. É por isso que a gestão estratégica é muito importante, na medida em que define e orienta todas as áreas funcionais da empresa. É comum afirmar-se que as empresas que adoptam ou formalizam sistemas de gestão estratégica têm maiores oportunidades de sucesso do que as que não o fazem. A gestão estratégica permite às empresas prever problemas e oportunidades numa perspetiva de futuro alcançável. Estabelece uma perspetiva concetual relativamente à visão, missão, objectivos e estratégias que asseguram um futuro seguro para a organização. "A gestão estratégica é definida como a arte e a ciência de formular, implementar e avaliar decisões multifuncionais que permitem à organização atingir os seus objectivos. Geralmente, a gestão estratégica não considera apenas uma especialização, mas envolve todas as funções ou a organização como um todo. É um mecanismo constante no qual os gestores de alto nível formulam uma decisão adequada para a organização. Orienta para a melhor estratégia possível, de modo a que a organização possa ter uma vantagem comparativa sobre as outras para alcançar uma presença suprema no ambiente empresarial competitivo. Assim, a gestão estratégica é uma forma de a estratégia reconhecer o estado atual da organização e o ponto a que pretende chegar. A diferença entre o desejado e o possível é conhecida como diferença de desempenho. A identificação do défice de desempenho é possível durante o processo de gestão estratégica e o objetivo é tentar reduzir o défice de desempenho. Por vezes, o défice de desempenho também pode ser positivo.

2.1.1 A estratégia como força construtiva da vantagem de competência

Na vantagem competitiva, a maior parte das atenções centra-se na estratégia. A investigação anterior sobre o conceito de estratégia, bem como a mais recente visão da empresa baseada nos recursos, propõem a necessidade de adaptar os recursos às oportunidades ambientais. A forma como a organização aborda esta questão é o osso vertebral da gestão estratégica. Os recursos que garantem uma vantagem competitiva devem ser difíceis de imitar. Os gestores constroem a singularidade sem uma visão clara do tipo de caraterística do produto que pode levar ao sucesso. Assumem riscos e, ao fazê-lo, tomam decisões tão ousadas que a sua intuição é pelo menos tão importante como as suas capacidades analíticas. A construção de recursos únicos exige uma tomada de consciência dos processos intermédios, da composição dos recursos e da sua resposta às exigências do mercado. A compreensão clara das caraterísticas funcionais da empresa e das suas inter-relações facilita a construção de uma vantagem competitiva. Isto conduz à configuração da cadeia de valor. A preocupação do nível empresarial é encontrar uma posição de destaque entre os concorrentes, por outro lado, o nível funcional está centrado na eficiência da produtividade e na eficácia global da organização. À luz disto, pode-se falar de uma estratégia funcional como um esforço para atualizar ao seu nível os valores corporativos declarados. Por exemplo, a flexibilidade financeira é um objetivo visado pela estratégia financeira, enquanto a gestão de recursos humanos pode ser uma preocupação prévia que gira em torno da contratação e do reforço da flexibilidade operacional.

2.2 A importância das competências de base

Existem muitas oportunidades competitivas que permitem que algumas áreas de uma empresa sejam capazes de transferir a sua tecnologia de uma ordem para outra. Ao desenvolver a capacidade da empresa, esta pode estar preparada para mudar os recursos de uma área de negócio para outra. É uma responsabilidade importante da gestão motivar a organização com vista a diferentes objectivos e orientá-la para alcançar o ouro.

A forma como a competência nuclear é criada é necessária para a criação de vantagens, uma vez que a relação produto-preço-desempenho e os compromissos criam as vantagens. A gestão de uma organização deve combinar a tecnologia e a habilidade do produto da empresa em competência que pode adaptar rapidamente qualquer vantagem para mudar o negócio. As competências são os produtos nucleares alimentados para fazer negócios cujo resultado é o produto. Mas há uma grande questão sobre como é possível identificar as competências nucleares numa organização. Podemos apresentar três métodos: em primeiro lugar, as competências nucleares estabelecem contacto com diferentes mercados. Em segundo lugar, deve ter uma conceção clara do produto final para apoiar os benefícios do cliente. E, por último, a competência nuclear não deve ser fácil de imitar. O produto principal faz uma ligação física entre a introdução da competência principal e o produto final. As organizações devem adotar ou escolher estratégias flexíveis para enfrentar os longos períodos de imprevisibilidade na área da concorrência. A maior parte da investigação sobre a vantagem da competência gira em torno da competência nuclear como principal fonte de vantagem. As competências nucleares incluem o "conjunto de capacidades e recursos da empresa", bem como a forma como esses recursos são utilizados para produzir resultados. Os gestores e os académicos concentraram-se em tornar claro o aspeto da competência nuclear como elemento necessário para iniciar a organização e um caso importante para a mudança estratégica. O conceito de competência nuclear é difícil de descrever na área empírica, mas os cientistas identificaram recentemente este problema em algumas descrições. Os cientistas identificaram recentemente algumas soluções para estes problemas em discussões conceptuais gerais e na investigação empírica específica das competências nucleares. A conceção de competência nuclear interessa a gestores e académicos, como ponto básico para a restauração orgânica e como patrocinador da mudança estratégica. É uma competência difícil de descrever, compreender e utilizar na fase prática. Os investigadores referem-se recentemente a esta questão através da interlocução genérica.

2.2.1 O conceito de competência nuclear na investigação empírica

À medida que a concorrência assume um crescimento cada vez mais dinâmico e turbulento, existe uma forte afinidade com a compreensão das empresas em termos da utilização eficaz de capacidades únicas que permitem um desempenho duradouro e diferenciador nas indústrias. Por isso, a gestão contemporânea dá uma grande reviravolta e centra-se no desenvolvimento e no reforço de métodos eficazes de fluxo e gestão do conhecimento, juntamente com os recursos intangíveis disponíveis. Por conseguinte, a perspetiva baseada nos recursos e os contributos que lhe estão associados têm merecido uma atenção significativa, tanto a nível académico como prático. Por outro lado, poucos estudos pragmáticos procuraram separar as várias fontes de desempenho das empresas de topo em termos de vários elementos semelhantes das competências nucleares da ONU. De facto, poucos estudos aprofundados examinaram os principais constituintes das competências essenciais e as suas diferentes influências e efeitos sobre o desempenho geral da empresa, que conta a perspetiva financeira, o processo interno e o marketing. Além disso, o que continua a ser um mistério por resolver é a relação entre as competências essenciais, as perturbações ambientais e o desempenho da empresa, com pouca investigação em bases empíricas para ver como é que a influência das perturbações ambientais modera a influência das competências essenciais no desempenho e na atividade da empresa. Esta investigação é necessária para compreender em profundidade de que forma e por que razão as competências nucleares contribuem de forma notável para o desempenho das empresas em contextos condicionais. A chave condutora por detrás das diferenças entre empresas deve ser semeada através da compreensão das empresas que se diferenciam umas das outras em termos das competências nucleares que constituem principalmente a empresa, em vez de se considerar o efeito da indústria. E será dada grande ênfase à dedução das diferenças na atividade da empresa em termos de emergir de um tipo diferente de fontes acumuladas a partir da renda das empresas, em que a gestão dos recursos estratégicos e o seu controlo têm efeito especialmente nas competências nucleares. Para identificar as competências nucleares é necessário considerar o ponto crítico dos recursos, capacidades e competências. Como conceito, há um exemplo prático para mostrar a importância da competência central: para ter sucesso entre os concorrentes, há muitas coisas que as empresas não conseguem encontrar. Em algumas décadas, muitos gestores avaliaram as suas capacidades para ajudar a empresa, mas na década de 1990, foi avaliada a capacidade de reconhecer, nutrir e fazer uso das competências essenciais que permitiram o desenvolvimento ao seu alcance, o conceito da própria empresa deve ser repensado. No início da década de 1979, o desenvolvimento da indústria das tecnologias da informação pela GTE era bem conhecido e reconhecido como um ator dominante nessa indústria. Tinha uma grande atividade no domínio das telecomunicações. Além disso, as empresas do grupo de produtos de entretenimento da GTE produziam televisores a cores e tinham um papel importante nas tecnologias relacionadas com a visualização ou os ecrãs. Em 1980, esta empresa registou vendas no valor de 9,87 mil milhões de libras, enquanto a liquidez líquida incluída nesta empresa era de cerca de 1,6 mil milhões de libras. Por outro lado, a NEC era consideravelmente mais pequena, com um volume de negócios de 3,7 mil milhões de libras. o industrial e informática equivalente, mas com uma experiência inadequada na gestão da empresa de telecomunicações. Apesar disso, a NEC teve um sucesso superior em 1988. Como breve relato sobre estas duas empresas, nos anos seguintes a GTE tornou-se uma empresa telefónica operacional com um bom peso e produção em bens de defesa e iluminação. Mas, a nível mundial, a sua atividade era reduzida. A GTE desenvolveu a Sylvania TV e a Telnets, instalando comutadores, em empreendimentos cooperativos, e encerrou os semicondutores. o internacional da GTE foi afetada. o dos lucros, entre 1980 e 1988, registou uma queda de cinco pontos percentuais. A NEC é um fabricante líder no sector dos semicondutores e desempenha um papel significativo na produção de produtos relacionados com as telecomunicações e os computadores em todo o mundo. A principal competência desta empresa são os produtos relacionados com os processadores informáticos. Assim, a NEC é a única empresa entre as cinco primeiras a obter receitas no sector das telecomunicações, dos quadros principais e dos condutores. A questão que se coloca aqui é a seguinte: porque é que estas duas empresas tiveram desempenhos tão diferentes, apesar de ambas terem começado com carteiras de negócios semelhantes? A resposta deve-se principalmente ao facto de a NEC ter reconhecido as suas "competências essenciais" e a GTE não ter reconhecido essas competências. No início da década de 1960, a JVC decidiu procurar melhorar a sua competência em termos de cassetes de vídeo e cumpriu os três testes aqui referidos, e a decisão da RCA de melhorar o sistema de produtos de vídeo também não funcionou. São poucas as empresas que conseguiram ser líderes a nível mundial em mais de cinco ou seis competências fundamentais. Também é difícil encontrar uma empresa que tenha produzido uma lista de competências fundamentais, no caso de conter uma lista de 19 a 29 capacidades, mas talvez seja uma óptima maneira de produzir uma lista destas e observar como estas "capacidades" se podem agregar, como Fundação. Este recurso em promover a pesquisa para acordos de licenciamento e aliados em que corporação homem atingir as peças que faltam, a um baixo custo. A generalidade das empresas ocidentais não se atreve a considerar a competitividade em tais termos. Neste caso, vale a pena ter uma consideração rígida dos riscos que correm. As empresas que criticam e avaliam a concorrência, tanto sua como dos seus rivais, ao nível do custo ou da eficiência dos produtos finais, estão apenas a facilitar o desgaste das "competências nucleares" ou dificilmente as conseguem valorizar. As competências potenciais, ocultas e invisíveis, que geram o montante da concorrência em termos de rendimento, não podem ser "emprestadas" por terceiros. Na opinião de Frahalad e Hamel, pelo que observaram, muitas empresas cedem involuntariamente as competências nucleares quando param o investimento interno, acreditando que são apenas "centros de custos" para serem coerentes com os fornecedores. A partir do momento em que as tecnologias infra-estruturais se transformam ou quando a empresa decide paradigmatizar-se como concorrente no mercado global, o ciclo de vida do produto, bem como o ciclo de vida de desenvolvimento do produto, serão consideráveis. Em cada fase deste ciclo de vida, ter em conta todos os recursos é vital, mas, por outro lado, a capacidade e a competência, mesmo a um nível mais elevado de abstração, a competência central da organização é muito importante do ponto de vista da gestão organizacional e da modelação da informação e do conhecimento.

2.2.2 Competências essenciais para alcançar os produtos essenciais

Um produto principal é a ligação física entre a competência principal de reconhecimento e o produto final. Através de alguns exemplos de empresas famosas, tenta-se definir o conceito de produto principal. O motor da Toyota, por exemplo, é um produto central, entre as competências de desenvolvimento e o design que, por fim, orientam a criação do produto final. O "produto principal" é a peça ou componente que, de facto, contribui para o valor do produto final. Os produtos principais fazem com que as empresas pensem mais na quota de marca para chegar aos mercados de produtos finais. (A Canon é famosa por ter uma quota de produção mundial de 84% em "motores" de impressoras laser de secretária, apesar de a sua marca se dividir no negócio das impressoras laser. Além disso, a Matsushita tem uma quota de fabrico mundial de cerca de 45% em peças-chave de videogravadores, muito acima da sua quota de marca (Panasonic, JVC e outras) de 20%. Além disso, a Matsushita detém uma quota de liderança no fabrico de compressores a nível mundial, previsivelmente de 40%, apesar de a sua quota de marca nos sectores do ar condicionado e dos frigoríficos ser totalmente reduzida. É necessário fazer esta distinção entre produtos finais, competências de base e produtos de base, porque a concorrência mundial se desenrola segundo regras diferentes e com vários interesses em jogo a cada nível. Para defender a liderança a longo prazo, uma empresa terá talvez de ser vencedora a cada nível. Ao nível da competência de base, o objetivo é assumir a liderança mundial no desenvolvimento e conceção de uma classe especial de funcionalidades de produtos, quer se trate de armazenamento e recuperação de dados bem definidos, como é o caso da competência da Philips em matéria de meios de comunicação ópticos, quer se trate dos micromotores e controlos por microprocessador da Sony. A produção de produtos de base para o mercado global ou local leva a que as empresas tenham em conta as necessidades do mercado mundial, o que afecta os futuros produtos de base. Por exemplo, a Canon, uma empresa que tem um produto principal, nomeadamente uma máquina fotográfica, quando esta empresa obtém feedback do mercado global, pode decidir produzir um novo tipo de máquina fotográfica para os seus consumidores na Europa, devido à situação regional. Outro exemplo: a Toyota, líder no fabrico de automóveis, com base no feedback dos consumidores localizados nos países árabes, decide produzir um novo tipo de Land crus, que também não é muito económico em termos de gasolina, mas tem uma carroçaria enorme.

2.3 Competência

O tema das competências começou a surgir no início da década de 1990, tendo sido introduzidas muitas descrições por parte de académicos que mencionaram constantemente muitos dos fundamentos básicos deste tema. Assim, tentamos pegar nas várias conceptualizações aconselhadas por cientistas que ajudam a tornar clara a caraterística das competências e como estas podem ser reconhecidas numa empresa especial. De seguida, podemos ver três causas desta confusão:

(a) Normalmente colocam diversas definições para o mesmo entendimento; (b) Mencionam para enraizar diversos termos de acções dentro da estrutura; (c) Normalmente conciliam uma visão estática de "competências" que não tem estudo suficiente sobre como as pode fazer ou transformar dentro de uma empresa. É necessário descrever a competência nos níveis holístico, sistémico, dinâmico e cognitivo. O estudo inicial para propor uma terminologia completa para a definição de "competências" foi realizado por Hubertus M e Heene em 1996, sugerindo que uma descrição de trabalho de competência é a capacidade de manter a implantação organizadora de "activos" em métodos úteis para a empresa atingir e alcançar os seus objectivos. No entanto, esta descrição expressa as caraterísticas necessárias das quatro bases da teoria da competência, que pretende identificar e assumir a natureza holística, cognitiva, dinâmica e sistémica das competências organizacionais. Para começar, as competências devem ter a capacidade de responder à natureza dinâmica do ambiente exterior e das operações internas de uma empresa. Em segundo lugar, as competências devem conter um potencial para gerir a natureza sistémica das organizações e das suas relações com outras organizações. Além disso, as competências contêm o acesso e a organização da empresa principal a todos os activos que estão fora das fronteiras da empresa. As instituições financeiras, os clientes, os fornecedores de materiais e de componentes e os prestadores de serviços de consultoria são os responsáveis pela disponibilidade dos activos. Em terceiro lugar, as competências devem conter um potencial para gerir os procedimentos cognitivos de uma organização. Em quarto lugar, as competências devem conter o potencial para gerir a natureza completa de uma organização como um sistema aberto. Assim, a descrição da competência orgânica identifica o ser de múltiplos investidores e as expectativas de todos os fornecedores de "recursos" necessários para manter os procedimentos de criação de valor de uma empresa.

2.4 Criar capacidades organizacionais

As empresas estão a formar-se dentro de fronteiras comportamentais e físicas que incluem um conjunto de relações informalmente ou formalmente especificadas. As fronteiras físicas são importantes, uma vez que o lugar de tudo está dentro delas; o mais importante, porém, é o âmbito comportamental, uma vez que este comporta sentimentos, conversas e interação entre agentes humanos. Dentro da linha de argumentação baseada em recursos, as empresas são vistas como um conjunto de vários tipos de recursos. Recursos financeiros, patentes tecnológicas e humanas, banco de dados, etc., estabelecem um conjunto do que uma empresa confiante possui em termos de propriedades a serem exploradas. Todos estes diferentes activos estão, no entanto, normalmente pouco ligados entre si. Cada um destes activos traz consigo um potencial de confiança de quantidade e carácter variável a ser utilizado pela empresa. Na sua totalidade, constituem uma área de potencialidades que, no entanto, raramente é completamente explorada porque estas propriedades estão isoladas fisicamente (por exemplo, dentro dos limites de diversas funções ou departamentos) e/ou artificialmente (devido a objectivos políticos, poder, falta de comunicação, etc.) umas das outras. Mas o facto de estarem incluídas na mesma área comportamental, geralmente interpretada, e física. Não estão essencialmente ligados uns aos outros para aproveitar as sinergias que podem surgir do seu funcionamento mútuo. Os recursos podem tornar-se competências se o seu "acoplamento frouxo se converter em acoplamento estrutural, isto é, quando são conscientemente transportados uns para os outros para formar processos socialmente intrincados para realizar tarefas definidas". Ou podemos dizer que os recursos discretos se tornarão competências apenas quando os espaços comportamentais e físicos discretos que os incluem estiverem organicamente ligados para formar um subespaço comportamental aliado, ou seja, um "lugar" que reage a eles. Nas obras de arquitetura, lugar significa uma propriedade do espaço, uma certa porção do espaço. Um lugar faz uma "interioridade" de facto que significa "reúne" o que deve ser os seus atributos fundamentais são assim a concentração e a clausura. Neste lugar, a reação entre os activos, sobretudo os activos humanos, é concentrada e amplificada e, ao mesmo tempo, limitada e constante para criar novas solicitações de conhecimento. As empresas competem não na base dos mesmos recursos, mas na base de saber se os seus recursos podem ser activos para satisfazer os mesmos pedidos dos clientes, a contribuição de Justas Levitt permite aos gestores uma extensa revisão das oportunidades de negócio. Para considerar ambientes competitivos dinâmicos, de facto, cada conceito é reconhecido como sendo suficientemente notável para ter a sua própria corrente de investigação principal do âmbito da gestão estratégica, ou seja, a base de competência, recurso e recurso dinâmico, embora a integração dos conceitos associados seja raramente defensável, normalmente faz sentido separá-los por correntes fundadas.

2.4.1 Visão geral de uma abordagem de capacidades dinâmicas

A concorrência em sectores tecnológicos de alto nível, como os serviços de informação ou o software, dificulta a resposta à questão de saber como obter vantagens, pelo que as grandes empresas devem seguir uma "estratégia baseada em recursos" de recolha de activos tecnológicos importantes, muitas vezes protegidos por ataques à propriedade intelectual, mas esta estratégia não é normalmente suficiente para sustentar uma vantagem competitiva importante. As empresas vencedoras que conseguem reagir atempadamente e produzir inovação de forma rápida e flexível, com capacidade de gestão para orientar e alterar eficazmente a localização das competências externas e internas. Os observadores da indústria sugeriram que as empresas podem armazenar uma grande coleção de tecnologias valiosas que ainda não possuem capacidades mais úteis. Utilizamos esta capacidade de alcançar novas vantagens competitivas como "capacidades dinâmicas" para realçar duas caraterísticas-chave que não foram objeto de atenção nas perspectivas estratégicas anteriores. O termo "dinâmico" é utilizado para designar a capacidade de restabelecer competências para ser flexível em situações de mudança de negócio: assim, em algumas situações críticas nos mercados, precisamos de uma mudança tecnológica muito rápida porque a situação dos mercados e da concorrência é imprevisível no futuro.

A extensão das "capacidades" deve centrar-se na introdução do papel fundamental da gestão estratégica na adaptação, integração e reposição dos recursos organizacionais externos e internos e das competências funcionais para adaptar as disposições de um ambiente em mudança. Uma das grandes preocupações de qualquer empresa em concorrência é como dificultar a imitação das competências externas e internas ou como apoiar o seu valioso produto. Assim, de acordo com o argumento de Dierickx e Cool, o quanto se considera gastar (investir) em várias áreas possíveis é uma referência à estratégia da empresa. No entanto, a decisão sobre as áreas de competência é influenciada por decisões anteriores. Em qualquer situação, a empresa deve seguir uma determinada via de desenvolvimento de competências. Esta rota não se limita a dizer qual é a melhor escolha para a empresa hoje, mas também define áreas em torno das quais a sua seleção interna será provavelmente no futuro. Por conseguinte, as empresas, em diversos momentos, assumem compromissos a longo prazo, quase imutáveis, em determinadas áreas de competência. O conceito de que a vantagem competitiva tem de ser tanto a exploração de capacidades específicas externas e internas acessíveis à empresa como o desenvolvimento de novas capacidades é parcialmente desenvolvido em Teece, Toward an Economic Theory of the Multiproduct Firm e WernerFelt . No entanto, só há pouco tempo os estudiosos começaram a concentrar-se nos pormenores de como as organizações. o de competências para se adaptarem às mudanças do ambiente empresarial. Estas questões dependem dos processos de negócio da empresa, das rotas de desenvolvimento e das posições de mercado. Muitos autores têm apresentado a forma como as empresas podem desenvolver as suas capacidades para se adaptarem a mudanças súbitas no ambiente empresarial. O objetivo das capacidades dinâmicas é fornecer um quadro coerente que possa integrar os conhecimentos conceptuais e experimentais disponíveis e facilitar a prescrição. Esta revisão da literatura foi feita do ponto de vista da gestão organizacional, o que ajuda a criar uma base de apoio das funções fundamentais em qualquer empresa para criar uma hierarquia de competências nucleares. Antes de alguns académicos terem sido investigados para criar uma hierarquia de competências nucleares, ninguém criou um modelo de competências para uma empresa.

Capítulo 3

COMPETÊNCIA E CAPACIDADE: CONCEITOS DO PONTO DE VISTA DA INFORMÁTICA

3.1 Competências essenciais

O resultado das competências de base são os produtos de base. Os produtos principais não são enviados diretamente aos clientes, mas são utilizados para fabricar a maioria dos produtos finais. Existe uma ligação tangível entre as competências nucleares da organização e os produtos que essa organização produz, esta ligação é expressa como produtos nucleares. Estas competências contribuem para o aumento do valor do produto final. A imitação das competências nucleares é difícil para os concorrentes, mas se uma das competências nucleares for destruída, não será fácil substituí-la. De facto, são a fonte do valor acrescentado do produto para o vender ao cliente. Existem muitas definições de competências essenciais, por exemplo: (1) a aquisição colectiva na estrutura, especialmente a forma de harmonizar as várias capacidades de produção e de integrar múltiplos fluxos de tecnologias. (2) Os recursos intangíveis são difíceis de imitar pelos concorrentes, mas não é fácil substituí-los numa situação crítica.3) Um conjunto distinto de capacidades e conhecimentos que uma empresa possui no mercado.4) As competências nucleares são "capacidades e áreas de conhecimento partilhadas entre as unidades de negócio e que resultam da integração e harmonização das competências SBU" ou a competência nuclear inclui muitas competências distribuídas na empresa.

3.2 Definições de competência

Uma competência de uma empresa é qualquer capacidade que possa ser distinguida entre os concorrentes. As competências aumentam os valores, porque desenvolvem as fronteiras das capacidades. De facto, uma análise precisa dos recursos, capacidades e competências ajuda-nos a compreender concetualmente as vantagens competitivas.

Há muitas definições de competência dadas pelos académicos. Por exemplo, uma competência é descrita como "uma integração e coordenação interfuncional de capacidades" ou como um conjunto de aptidões e conhecimentos. Noutra definição, a competência é introduzida como "uma referência a uma qualidade inerente a indivíduos ou equipas de indivíduos, uma qualidade que desenvolve e aperfeiçoa algo, ocasionalmente para um fim visionário.

Qualquer competência tem três atributos fundamentais que podemos considerar como uma competência essencial:

(1)   Uma competência essencial deve ajudar-nos a melhorar os benefícios do produto para os clientes.

(2)   Uma competência essencial deve ser qualificada para a concorrência, por exemplo, não deve ser fácil de imitar

(3)   Uma competência essencial deve criar uma boa situação para aceder a todos os tipos de mercados.

3.3 O que é uma Capacidade

As capacidades referem-se à capacidade da empresa para utilizar os seus recursos. Incluem uma "cadeia de processos e rotinas empresariais que gerem a interação entre os seus recursos". Um processo é um conjunto de actividades que convertem um input num output. Por exemplo, a capacidade de marketing de uma empresa pode basear-se, entre outras coisas, na interação entre os seus recursos humanos (especialistas em marketing), a tecnologia (software e hardware) e os recursos financeiros. A base funcional é o aspeto individual das capacidades. O domínio de uma capacidade é uma função específica. Por exemplo, existem capacidades de produção, capacidades de gestão de recursos humanos, capacidades de marketing, capacidades lógicas e de distribuição. De facto, a capacidade tem uma base funcional, mas não a exclui da utilização de recursos que podem ser transversais a toda a empresa. Por exemplo, a capacidade de marketing da Intel está muito ligada à ilustração global da empresa, pelo que o maior esforço das suas estratégias de marketing consiste em tirar partido da reputação da empresa. Uma caraterística confusa do conceito de capacidade é o facto de ter dois significados básicos. O primeiro é a capacidade, confirmada no artigo de Javidan. Grantis explicou a capacidade como "a aptidão de um grupo de recursos para efetuar um determinado trabalho". O segundo é a coordenação, que inclui uma combinação de conhecimento tácito, memória orgânica e rotinas. As capacidades operacionais consistem em todas as actividades quotidianas durante um processo como o fabrico, mas as capacidades dinâmicas criam, integram e reiniciam as capacidades operacionais. O conhecimento é preparado numa classe de conhecimento de instalações que se divide em conhecimento de recursos e conhecimento de processos.

3.4 Definição de recurso

No que respeita às competências, podemos considerar os recursos como "blocos de construção". Eles são o critério de medição para a determinação do valor da organização. De acordo com Barney, existem três tipos de recursos: recursos físicos, como equipamento, activos e instalações. Os recursos humanos são a experiência, a equipa de gestão e a formação e os recursos organizacionais como a reputação ou a cultura. Por outro lado, existem recursos considerados tangíveis e intangíveis. Alguns dos recursos são físicos e tangíveis, como o equipamento ou as instalações, e outros são intangíveis, como o nome da marca. Cada empresa possui um conjunto de recursos, mas apenas algumas empresas conseguem obter a máxima eficiência dos seus recursos.

A alavancagem dos recursos é diferente de empresa para empresa, de facto, as capacidades referem-se à capacidade da empresa para explorar os recursos. A base das organizações são os recursos, uma vez que sabem que se trata de um processo de valor de entrada. O fator de vantagem competitiva sustentável são os recursos, como se estes tivessem as mesmas propriedades, tais como a taxa, a inimitabilidade e a não substituição. Do ponto de vista do estudo empírico, o produto e o recurso são complementares. Muitos produtos precisam de ser servidos por vários recursos e vários produtos podem utilizar esses recursos. Através da dimensão da atividade da empresa em diversos mercados de produtos, podemos encontrar recursos que são minimamente necessários. Por outro lado, ao determinar um perfil de recursos para uma empresa, é possível descobrir as actividades do mercado do produto. Considerando a empresa de uma forma mais formal, os recursos da empresa num determinado momento podem ser explicados como finanças (intangíveis e tangíveis) que estão ligadas de forma semi-permanente à empresa.

3.5 Algumas outras definições

3.5.1 Ativo

Tudo o que é "intangível ou tangível" na empresa pode ser utilizado no processamento da produção e oferta dos seus rendimentos (bens ou serviços).

3.5.2 Habilidade

"Formas únicas de capacidade tipicamente inseridas em pessoas ou grupos, que são úteis para posições especializadas ou são relevantes para a utilização de um ativo especializado".

3.5.3 Dados

Ligados apenas a números ou palavras que estão relacionados com o contexto que utilizámos, também podem ser expressos como informação.

3.5.4 Informações

Informação criada por dados para apresentar um significado dentro de um contexto.

3.5.5 Conhecimento

O conhecimento tem muitas explicações: quando temos conhecimento capaz de identificar relações valiosas entre dados no nosso contexto ou somos capazes de concluir essas relações a partir de informação bruta, se esta for estruturada.

Capítulo 4

MODELAÇÃO DE COMPETÊNCIAS EMPRESARIAIS

4.1 Antecedentes

Os tipos de empresas dependem da direção da atividade empresarial. Esta atividade depende do "objeto do investimento e da obtenção de resultados concretos". Existem muitos tipos diferentes de empresas: industriais, comerciais e de comércio, financeiras e de crédito, de seguros e, finalmente, intermediárias.

Empresa industrial: É o processo de produção de produtos específicos e a execução do trabalho e serviços para venda aos consumidores. A atividade industrial depende da esfera material. Do ponto de vista económico nacional da empresa industrial, o fator mais importante é a definição do tipo de negócio, uma vez que nas organizações industriais (firmas e empresas) é a produção de bens e bens de consumo. Todos os tipos de bens, obras e serviços para os consumidores individuais (pessoas, empresas e governo) são objeto da empresa industrial. Para além disso, todas as empresas são multifuncionais, o que significa que têm de lidar com muitas dimensões.

Uma vez que o nosso trabalho incidirá sobre a intra-empresa, a hierarquia intra-empresa será tida em consideração. Normalmente, cada empresa é composta por muitos departamentos e cada departamento tem um objetivo específico que tem de ser alcançado para atingir o objetivo da empresa. Podemos ter em consideração que cada departamento da empresa é uma função. Por exemplo, escolhemos uma empresa industrial que contém quatro departamentos diferentes, um dos quais é a produção. Tomemos em consideração a hierarquia do departamento de fabrico; este departamento é composto por quatro níveis, fábrica, loja, célula e estação. Tal como referido anteriormente, consideramos cada departamento como uma função e, por conseguinte, qualquer empresa que consista em vários departamentos pode ser conhecida como empresa multifuncional. Por conseguinte, consideraremos o nível hierárquico de uma loja como o nosso estudo de caso.

4.2 Cenário do estudo de caso

No laboratório CIM da UEM existem quatro cenários diferentes que consistem em fresagem, ensaio, armazenamento e montagem, que serão descritos mais adiante. O laboratório CIM pode ser visto na Figi acima, que inclui três células. É utilizado um robot entre cada duas células. Cada célula tem um PC, um PLC, um controlador, um robot e uma máquina-ferramenta que executam uma tarefa específica de cada vez. Todos os PCs recebem comandos do computador anfitrião que está ligado a todos eles e todas estas células estão ligadas ao PLC. Assim, neste caso:

Célula número 1: fresadora, PC, controlador e robot

Célula número 2: robô, PC, controlador e máquina micrométrica a laser

Célula número 3: robot, PC, carregador de esferas, máquina de cola e máquina de montagem

Figura 1: Laboratório CNC da UEM

Neste cenário, existe um transportador que transporta a peça de trabalho entre células. Todas as ferramentas desta linha são controladas por um programa e é necessária energia. Existem sensores em frente de cada posto de trabalho para receber e enviar sinais (dados) para o PLC, de modo a que possam comunicar. Para evitar a perda de tempo devido à paragem do transportador em frente de cada posto de trabalho, são colocadas algumas paletes no transportador para que este possa parar em diferentes locais, de acordo com o comando do PLC, sem necessidade de parar o transportador.

4.2.1 Cenário 1 (moagem)

O transportador e as paletes começam a deslocar-se para a primeira estação de trabalho, nomeadamente a localização B, como se pode ver na Fig. 1. Quando a palete chega à primeira estação, através de um campo magnético entre a palete e os sensores, o PLC recebe o seu primeiro sinal e envia um sinal para separar a palete do transportador, enviando depois uma mensagem ao robot. Depois de receber a mensagem, o robot, de acordo com o programa, retira a peça de trabalho do armazém e coloca-a na palete. Depois de a peça de trabalho ter sido movida do local A (armazenamento) para o local B (posição inicial da palete), o robô informa o PLC, transmitindo-lhe um sinal, e o PLC ativa o campo magnético e a palete começa a mover-se ao longo do transportador e, à medida que a palete com a peça de trabalho chega à sua estação de destino, o local C, conforme indicado na Fig. 1. Assim que as paletes chegam a esta estação, é novamente enviado um sinal para o PLC, que envia dois sinais diferentes. Um dos sinais é para desligar a palete do transportador e o outro é para informar e ativar o robô para recolher a peça de trabalho da palete na estação C e colocá-la na estação D, que é a fresadora CNC. O robot seguirá as instruções fornecidas pelo PLC e cumprirá a sua função, colocando a peça de trabalho no local D. Quando a peça de trabalho for colocada na estação D pelo robot, este enviará um sinal ao PLC. O PLC activará a fresadora. A fresadora, ao receber o comando do autómato, executa a sua operação. Assim que a fresadora termina o seu trabalho, volta a informar o PLC. Depois, o PLC ativa o robô, informando-o de que deve transportar o produto acabado da estação D para a estação C. Mais uma vez, depois de executar o trabalho, o robô envia o sinal ao PLC, que, por sua vez, desactiva o pino e, assim, a palete começa a deslocar-se ao longo do tapete rolante até chegar à estação B. Quando a palete com o produto chega ao seu destino inicial (local B), a partir do qual iniciou a sua viagem, pára aqui, onde o robô desloca o produto acabado para o local A (armazenamento). Este é o fim do cenário A tabela seguinte descreve o posicionamento da peça de trabalho, o processo e a maquinação envolvidos durante o cenário.

Quadro 1: Cenário da moagem

Position of piece	Process	Machine
A→B	displacement	robot
B→C	move	conveyor
C→D	displacement	robot
D	milling	CNC machine
D→C	displacement	robot
C→B	move	conveyor
B→A	displacement	robot

4.2.2 Cenário 2 (Montagem)

Neste cenário, estamos a lidar com duas peças de trabalho, a peça de trabalho (1) e a peça de trabalho (2). O sistema começa com a primeira peça. O transportador e as paletes começam a deslocar-se para a primeira estação de trabalho, nomeadamente para a localização B, como se pode ver na Fig. 1. Quando a palete chega à primeira estação, através de um campo magnético entre a palete e os sensores, o PLC recebe o seu primeiro sinal e envia um sinal para separar a palete do transportador, enviando depois uma mensagem ao robot. Depois de receber a mensagem, o robot, de acordo com o programa, retira a peça de trabalho (1) do armazém e coloca-a na palete. Depois de a peça de trabalho ter sido movida do local A (armazenamento) para o local B (posição inicial da palete), o robô informa o PLC, transmitindo-lhe um sinal, e o PLC ativa o campo magnético e a palete começa a mover-se ao longo do transportador e, à medida que a palete com a peça de trabalho chega à sua estação de destino, o local E, conforme indicado na Fig. 1. Assim que as paletes chegam a esta estação, é novamente enviado um sinal para o PLC, que envia dois sinais diferentes. Um dos sinais é para desligar a palete do transportador e o outro é para informar e ativar o robô para recolher a peça de trabalho da palete na estação E e colocá-la na estação H, onde quatro bolas são carregadas na peça de trabalho com a ajuda do robô. Em seguida, o robô leva esta peça (1) para outra palete na área de montagem, na localização I. Entretanto, a peça de trabalho (2) é trazida para a estação E pelo mesmo processo que a peça de trabalho (1) foi trazida para a localização E. Agora, mais uma vez, o robô tem de começar a funcionar e, desta vez, transporta a peça de trabalho (2) diretamente para a localização I. O robô deixa a peça de trabalho (2) aqui e desloca-se para a estação J, onde pega na máquina de colar e a leva para a estação I, em cima da peça de trabalho (1), injectando depois a cola nos quatro pontos onde as bolas foram colocadas. Quando a colagem nestes quatro locais estiver concluída, o robô desloca a máquina de colar para a sua estação de destino inicial J. Depois de deixar a máquina de colar, o robô regressa à estação I, pega na peça de trabalho (2) e coloca-a em cima da peça de trabalho (1). A peça de trabalho (1) e a peça de trabalho (2) estão agora montadas em conjunto. Este é o nosso novo produto acabado. Este produto acabado, ou produto final, é então deslocado para a estação E com a ajuda do robot. Mais uma vez, com as ordens do PLC, a palete transporta o nosso produto acabado a partir da localização E e, com o movimento do transportador para a estação Band, a palete pára. Aqui, o robot pega no produto acabado e coloca-o no local A, onde é armazenado para utilização futura. O quadro 2 mostra o cenário 2.

Quadro 2: Cenário de montagem

Work Piece number	Position of piece	Process	machine
1	A→B	displacement	robot
1	B→E	move	conveyor
1	E→H	displacement	robot
1	H	Balls loading	Ball loader
1	H→I	displacement	robot
2	E→I	displacement	robot
1	I→J	displacement	robot
1	J	gluing	glue machine
1	J→I	displacement	robot
2	I	Assembling	robot
1,2	I→E	displace	robot
1,2	E→B	move	conveyor
1,2	B→A	displacement	robot

4.2.3 Cenário 3 (Teste)

Neste cenário, estaremos a lidar com uma peça de trabalho, a peça de trabalho (1). O transportador e as paletes começam a deslocar-se para a primeira estação de trabalho, nomeadamente para a localização B, como se pode ver na Fig. 1. Quando a palete chega à primeira estação, através de um campo magnético entre a palete e os sensores, o PLC recebe o seu primeiro sinal e envia um sinal para separar a palete do transportador, enviando depois uma mensagem ao robot. Depois de receber a mensagem, o robot, de acordo com o programa, retira a peça de trabalho (1) do armazém e coloca-a na palete. Depois de a peça de trabalho ter sido movida do local A (armazenamento) para o local B (posição inicial da palete), o robô informa o PLC, transmitindo-lhe um sinal, e o PLC ativa o campo magnético e a palete começa a mover-se ao longo do transportador e, à medida que a palete com a peça de trabalho chega à sua estação de destino, o local E, conforme indicado na Fig. 1. Assim que as paletes chegam a esta estação, é novamente enviado um sinal para o PLC, que envia dois sinais diferentes. Um dos sinais é para desligar a palete do transportador e o outro é para informar e ativar o robô para recolher a peça de trabalho da palete na estação E. Para o terceiro cenário, todo o processo é idêntico ao do cenário 2, começando na localização A até à localização E. Neste passo, o robô retira a peça de trabalho da palete e coloca-a na estação de micrómetro laser F. Este micrómetro laser vai verificar as dimensões da peça de trabalho. O micrómetro laser tem um valor de tolerância para a peça de trabalho. Se a peça de trabalho se situar entre o valor de tolerância, o robô desloca-a para a palete e, a partir da palete, através de um tapete rolante, a peça de trabalho é transportada para a estação B e depois para a estação A, onde será armazenada para utilização posterior. No caso de a peça de trabalho não se encontrar dentro do intervalo de tolerância, esta peça de trabalho será então rejeitada pelo robot do micrómetro laser para a estação G. Esta estação G é designada por caixa de lixo. A rejeição da peça de trabalho aqui significa simplesmente que esta peça de trabalho não tem qualquer utilidade ou que não certifica a qualidade padrão. O quadro seguinte explica o terceiro cenário.

Quadro 3: Cenário dos ensaios

Position of piece	Process	Machine
A→B	displacement	robot
B→E	move	conveyor
E→J	displacement	robot
J	testing	Laser micrometer
J→G / J→E (return)	return displacement	robot
E→B	move	conveyor
B→A	displacement	robot

4.3 Unificar a linguagem de modelação (UML)

A UML é geralmente utilizada para ilustrar "instalações de software concebidas para uma vasta gama de aplicações". "A visualização, a documentação de sistemas O-O e a especificação da construção são o objetivo do software UML". A modelação da informação e do conhecimento para as instalações de produção pode ser utilizada como fonte para a tomada de decisões. A UML é uma ferramenta para considerar o estudo de caso em três fases, nomeadamente:

a) Fase de requisitos

b) Fase de conceção e desenvolvimento

c) Fase de implementação

4.4 Fase de requisitos

4.4.1 Diagrama de casos de utilização

A fase de requisitos começou com a utilização de um diagrama de casos. Este diagrama explica o sistema a um nível elevado. De facto, este diagrama normalmente não menciona detalhes, apenas mostra o aspeto geral de um sistema. Como se pode ver na Fig. 2, existem seis fases em que cada fase é composta por várias pequenas fases. As fases de qualquer sistema têm normalmente um contacto direto com uma pessoa que monitoriza ou controla. Neste caso, há três pessoas diferentes que têm contacto com o sistema. O primeiro operador tem um contacto direto com todas as fases que controlam ou monitorizam um sistema. A segunda pessoa ou operador é um supervisor. Normalmente, para fazer considerações e estabelecer contacto entre fases internas ou externas, um sistema de produção tem de ter um supervisor. Assim, neste caso, o supervisor está em contacto com todas estas fases. A terceira pessoa neste sistema é o responsável pela manutenção, que tem contacto com todas as fases, mas na fase de manutenção deve fazer verificações de rotina, por exemplo, tem de verificar se a máquina precisa de uma mudança de óleo ou de outras manutenções de acordo com o calendário definido. Assim, aqui o contacto é constante e variável, de acordo com a situação ou o pedido.

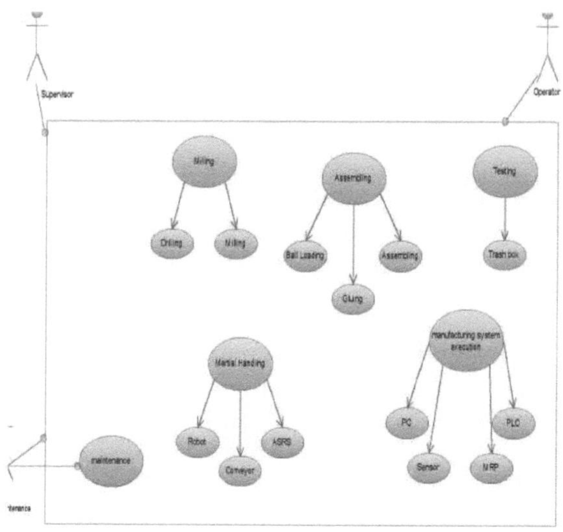

Figura 2: Diagrama de casos de utilização

4.4.2 Diagrama de sequência da loja

O diagrama de sequência é um tipo de diagrama de comunicação que mostra como os processos funcionam em conjunto e qual é a procura. É um plano criativo que, de facto, é uma mensagem sobre como trabalhar no sistema e indica-nos a sequência a seguir. Um diagrama de sequência descreve o nível de comunicação no sistema. Representa os objectos e as classes relacionadas com cada cenário e a sequência de mensagens que devem ser executadas em cada cenário, em função da sua necessidade ou se for especificado. Como em qualquer outro caso, o diagrama de sequência está aqui relacionado com o nosso caso, em que realizamos a visão logística do nosso sistema. Os diagramas de sequência também têm outros nomes, como diagrama de tempo, diagramas de eventos e cenários de eventos. Como se pode ver na figura 3, existe um diagrama de sequência para a loja CIM da UEM. Neste diagrama há muitos objectos diferentes, como as máquinas-ferramentas que são utilizadas durante o processo da oficina, o armazenamento e a montagem da peça de trabalho. No diagrama de sequência há muitas colunas diferentes. Cada coluna representa um processo e o tempo de duração deste processo é indicado pelo comprimento do bloco retangular. Assim, de acordo com este bloco retangular, sabemos o número de processos envolvidos, que são cerca de catorze processos. Estes processos são o movimento, a deslocação, a fresagem, o teste, a montagem e o armazenamento. Estes processos podem ser vistos nas colunas do diagrama de sequência da figura 3.

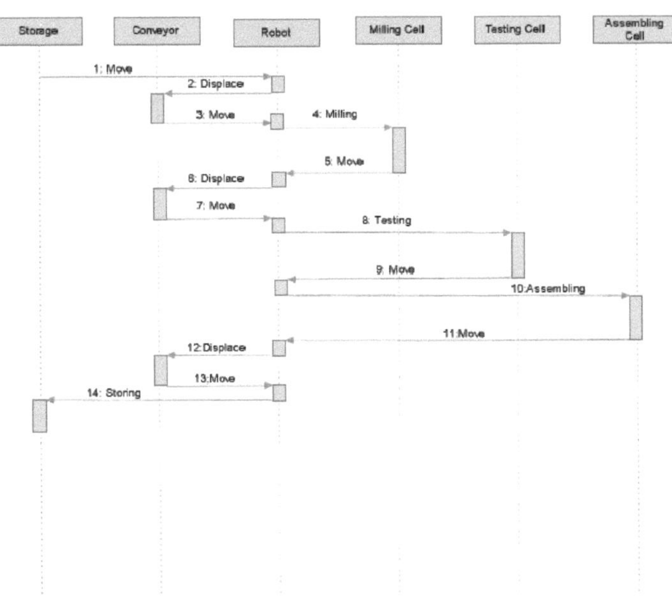

Figura 3: Diagrama de sequência da loja

4.4.2.1 Diagrama de sequência Montagem da célula

A Fig. 4 refere-se ao diagrama de sequência da célula de montagem. De facto, faz parte da Fig. 3, como se pode ver, a montagem é uma das células da loja. Nesta célula, existem seis objectos que realizam vários processos. Estes objectos iniciam o processo a partir do armazém até serem devolvidos ao armazém como produto final. Durante este tempo, o objeto passou por todos os outros processos, incluindo o carregamento da bola, a colagem e a montagem. Temos aqui três tipos de tempo: o tempo de movimento, o tempo de deslocamento e o tempo de maquinagem, que podem ser vistos

31

nos blocos rectangulares da figura 4.

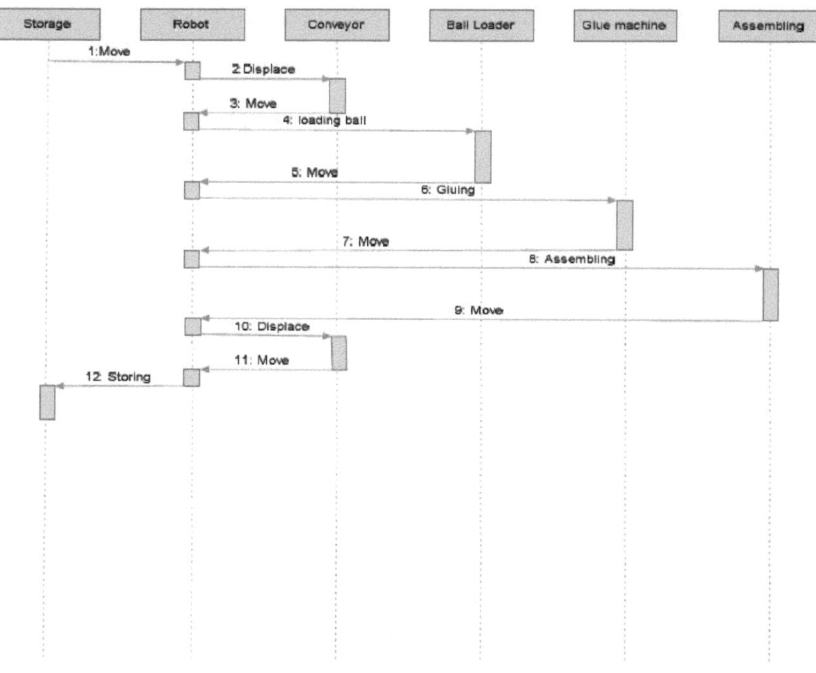

Figura 4: Célula do Diagrama de Sequência

4.4.3 Ativar a loja de diagramas

O diagrama de actividades é uma apresentação gráfica das correntes de trabalho num sistema, que têm apoio para seleção, repetição e concorrência. No UML, os diagramas de atividade podem ser utilizados para definir as etapas comerciais e operacionais de um sistema. De facto, o diagrama de actividades ilustra todo o fluxo de controlo. Um diagrama de actividades é composto por várias formas, ligadas por setas. As formas mais importantes que utilizamos aqui são: oval, diamante, barra, círculo preenchido e círculo preenchido com círculo. A forma oval representa as actividades, enquanto o diamante representa a decisão, as barras representam o início ou o fim de actividades simultâneas, o círculo preenchido indica o início da atividade e o círculo preenchido com um círculo é o fim da atividade. Tudo isto pode ser visto na figura 5, onde todas as etapas e actividades são claramente apresentadas. De acordo com este diagrama, no primeiro nível recebemos a peça de trabalho no sistema, depois o robot leva a peça do armazém para o transportador e, quando a peça de trabalho chega à primeira estação, o robot leva-a para o processo de fresagem. Quando o processo está terminado, o robô tem duas opções: colocar a peça de trabalho no transportador e levá-la de volta para o armazém, de modo a terminar o processo, ou levá-la para o segundo processo, nomeadamente o teste e, após o teste por uma máquina de micrómetro a laser, o robô leva a peça de trabalho para a montagem. Existem três processos na montagem, que começam com a operação do robô que injecta a bola, depois cola onde as bolas foram colocadas e, em seguida, monta-a com a segunda peça de trabalho. Isto conclui a parte da montagem. Posteriormente, através do funcionamento de um robot e de um transportador, a peça de trabalho é enviada de volta para o armazém.

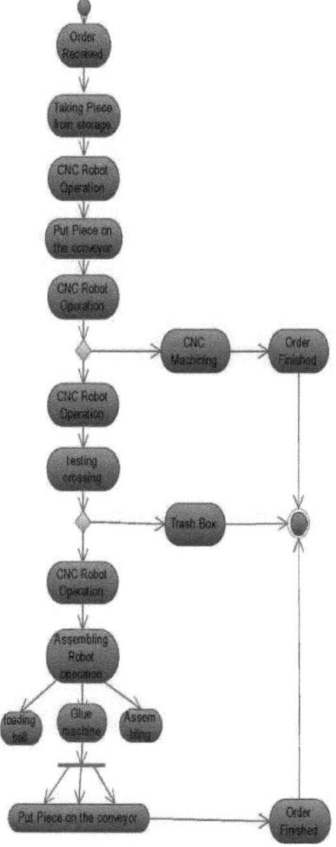

Figura 5: Ativar o Diagrama da Loja

4.4.3.1 Ativar o diagrama de montagem da célula

Na Fig. 6, pode ver-se o diagrama ativo da célula de montagem. Neste processo, existem duas peças de trabalho, após a receção da encomenda, a operação do robot começa com o transporte da primeira peça para o transportador. Exatamente em frente da célula de montagem, o robô leva a primeira peça de trabalho do transportador para o carregador de bolas para carregar quatro bolas e, quando termina, o robô leva-a para a área de montagem. Em seguida, através da operação do robot, a segunda peça de trabalho é levada para a máquina de montagem e mantida ao lado da peça de trabalho 1. O passo seguinte é pegar na máquina de colagem com o robot e colocar a cola na primeira peça de trabalho e voltar a colocar a máquina de colagem na sua posição original. O robô monta então a segunda peça de trabalho em cima da peça de trabalho 1 e, assim, as peças de trabalho são montadas em conjunto por meio de um robô. Depois de terminado o processo, o produto final é enviado de volta para a palete no tapete rolante, de modo a regressar ao armazém e a encomenda fica concluída.

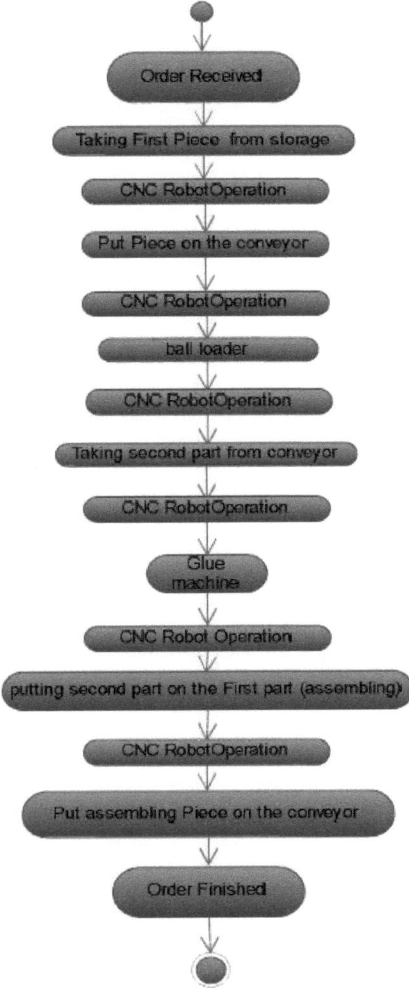

Figura 6: Ativar célula do diagrama

4.5 Fase de conceção e desenvolvimento

4.5.1 Dados, informação, conhecimento

É necessário associar o conceito de conhecimento e de informação à unidade de produção que estudámos. Os recursos e os processos encontram-se no interior da unidade de produção, onde os seus componentes são apresentados pela sua categoria e modelo de estrutura. A compreensão das diferenças entre conhecimento e informação está ligada aos recursos e processos que são necessários para especificar o conhecimento, a informação e os dados. Os dados estão ligados apenas a números ou palavras, o que significa que o contexto está relacionado com a sua utilização. E estes dados constituem a Informação para apresentar um significado para o nosso contexto. Quando podemos utilizar o conhecimento para poder identificar dados valiosos e criar relações dentro dos nossos contextos, podemos concluir essas relações a partir de dados brutos se a informação estiver estruturada. Existem três tipos principais de conhecimento: explícito, tácito e implícito:

Conhecimento explícito: é lógico e objetivo, como por exemplo: gráficos, textos, especificações de produtos, tabelas, diagramas, fórmulas, etc.

Conhecimento tácito: são subjectivos, tais como: padrões, narração de histórias, videoclipes e esboços

Conhecimento implícito: é concluído a partir do desempenho de outra pessoa.

4.5.2 Diagrama de classes

Como se pode ver, a Fig. 7 mostra o diagrama de classes de nível superior UML. De acordo com este trabalho, podemos identificar três tipos de classificação na modelação do conhecimento sobre fabrico para facilitar o acesso ao conhecimento e à informação sobre fabrico. "Estas classificações incluem: (a) conhecimento das instalações, (b) conhecimento dos processos e conhecimento dos recursos". De facto, todo o conhecimento sobre o fabrico é preparado numa classe de conhecimento das instalações, que se divide em conhecimento dos recursos e conhecimento dos processos.

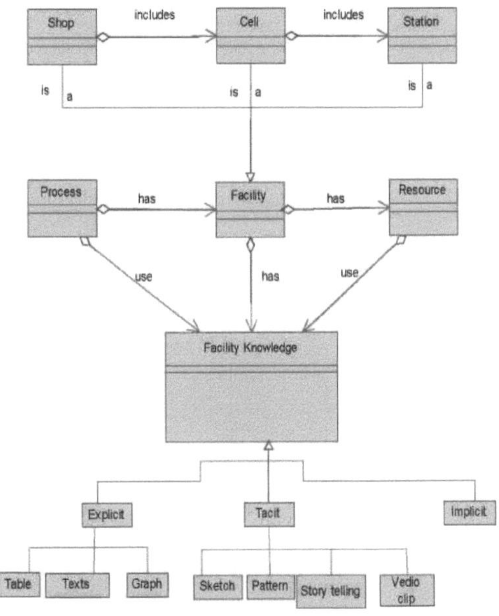

Figura 7: Diagrama de classes de nível superior UML

4.5.2.1 Diagrama de classes Nível da loja

Na figura 8 podemos ver o diagrama de classes UML do estudo de caso a nível da loja, que se divide em duas instalações de conhecimento, nomeadamente, processo de conhecimento e recurso de conhecimento.

O processo de conhecimento é composto por quatro processos: fresagem, montagem, teste e manuseamento de materiais, que inclui o armazenamento e o transporte. Por outro lado, no recurso de conhecimento existem dez recursos, nomeadamente: palete, PC, PLC, armazenamento, fresagem CNC, máquina de montagem, máquina de micrómetro a laser, transportador, controlador e robôs. Existem dois tipos de robots no sistema (Escorobot ER9 e Escora ER1).

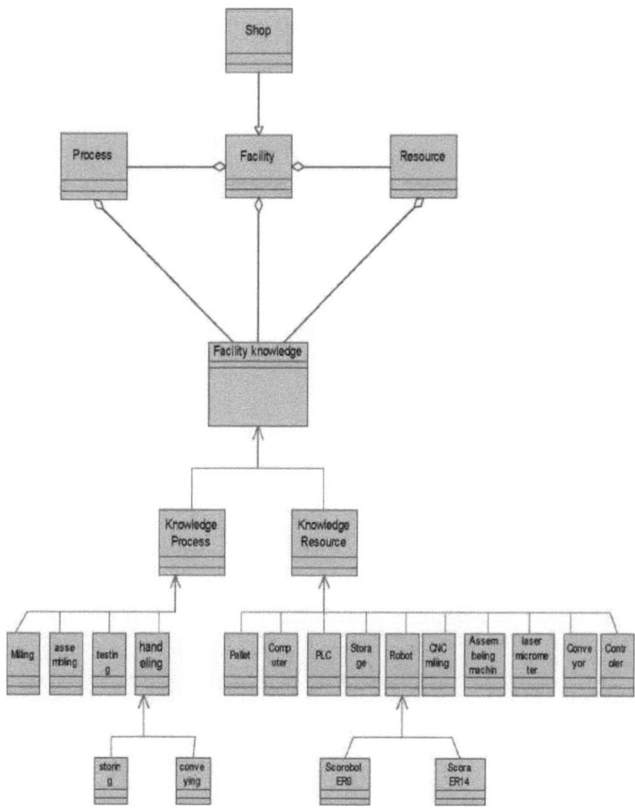

Figura 8: Diagrama de classes da loja

4.5.2.2 Classe Diargam Nível da célula

A figura 9 apresenta o diagrama de classes UML ao nível da célula, que introduz o nível de conhecimento dos processos e recursos na célula de montagem. Como se pode ver, existem quatro processos e nove recursos neste nível de conhecimento.

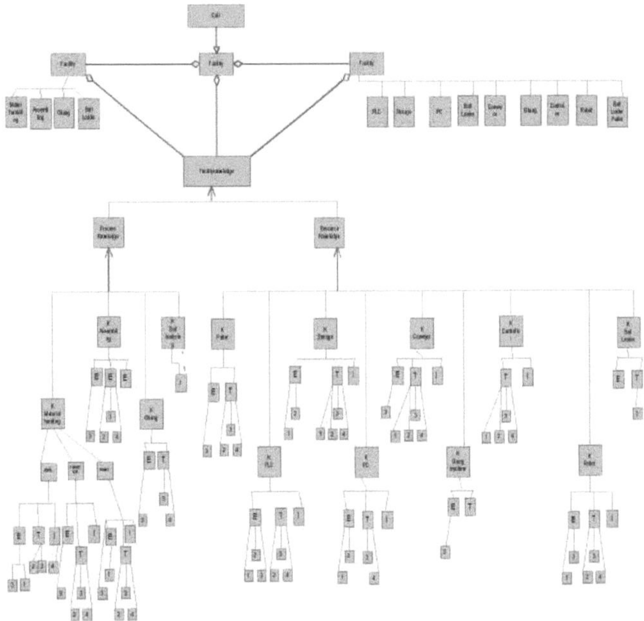

Figura 9: Célula do diagrama de classes

4.5.3 Diagrama de objectos

A figura 10 ilustra o diagrama de objectos de uma célula de montagem. Nesta figura, podemos ver todos os aspectos físicos da máquina de montagem, que, neste sistema, contém paletes, PLC, armazenamento, PC, transportador, máquina de colagem, robot, controlador e carregador de esferas como recurso.

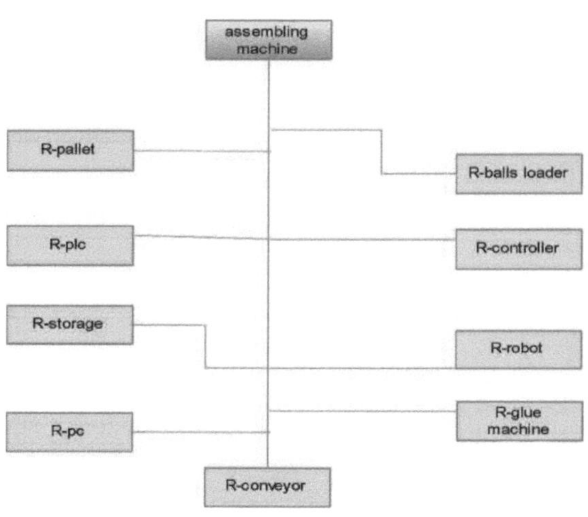

Figura 10: Célula do diagrama de objectos

4.6 Fase de implementação

4.6.1 Modelo de competências

A competência foi definida como "uma integração e coordenação interfuncional das capacidades". A integração interfuncional é o estabelecimento de mecanismos e ligações que facilitam a coordenação necessária das actividades de diferentes funções para assegurar que estas funções trabalham em conjunto de forma eficaz para atingir os objectivos gerais da organização. Esta integração é também necessária em diferentes organizações para criar uma cadeia de fornecimento integrada e bem gerida de organizações cooperativas com elevada capacidade de resposta e baixos custos de transação. A arquitetura da ferramenta de análise de capacidades (CAT) e os seus detalhes são desenvolvidos para abrir o cenário dos processos. Este processo CAT prevê as capacidades necessárias para a tomada de decisão na ordem de produção e receção. Como se pode ver, a Fig. 11 ilustra a ferramenta de análise de competências, o que a torna uma escolha adequada para as capacidades. Nas duas fases anteriores, nomeadamente a fase de requisitos e a fase de conceção, tentámos introduzir o sistema e a classificação dos recursos, processos e capacidades de conhecimento no sistema através de diagramas UML. Na fase de implementação, mostraremos como utilizar a informação e o conhecimento para especificar as capacidades e, finalmente, a modelação de competências para tomar a melhor decisão.

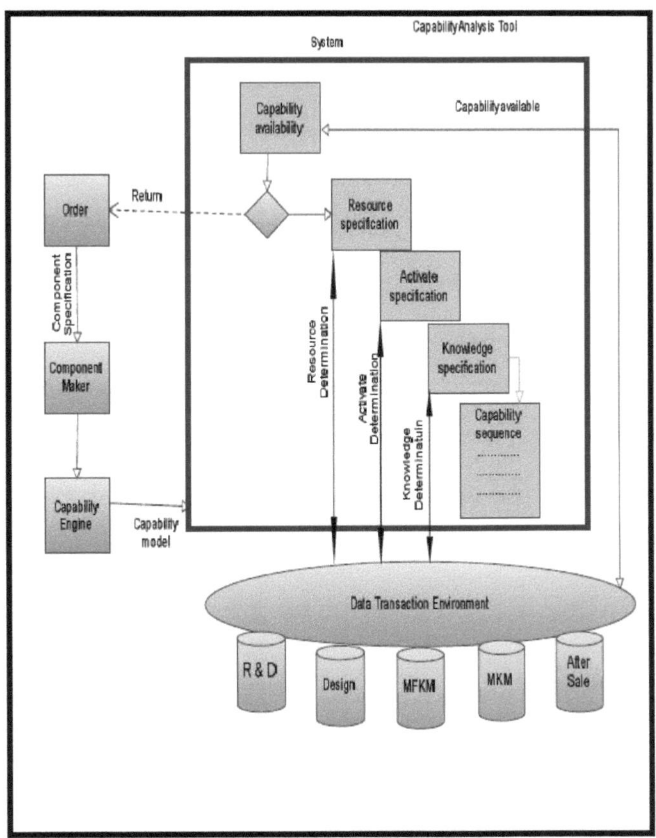

Figura 11: Modelo de competências

A figura 12 ilustra a corrente de transação da ferramenta de análise de capacidades no processo.

A análise pormenorizada é descrita em cinco níveis; estes níveis estão assinalados na figura.

PASSO 1: o fabricante de componentes pode obter encomendas/informações para fabricar peças específicas e ilustrar estas especificações como um plano global para o motor de capacidade.

ETAPA 2: A especificação das peças é carregada num Motor de Capacidade para prever o modelo de capacidade a ser utilizado na construção da encomenda.

PASSO 3: quando o sistema pretende conhecer as capacidades de disponibilidade da encomenda, a ferramenta de análise de capacidades é acionada e a capacidade prevista é enviada para a ferramenta de análise de capacidades. A partir do modelo de capacidade previsto, o analisador considera a disponibilidade das capacidades no sistema. Se o resultado da análise não estiver disponível, o modelo regressa ao fabricante de componentes e depois ao cliente.

PASSO4: depois de se certificar da disponibilidade das capacidades, estas são enviadas para o nível seguinte na ferramenta de análise para encontrar os recursos, as actividades e as capacidades de conhecimento necessárias para fabricar um produto.

PASSO5: com os resultados da ferramenta de análise de capacidades (CAT), é mais fácil tomar uma decisão sobre a receção das encomendas e, consequentemente, sobre a linha de produção.

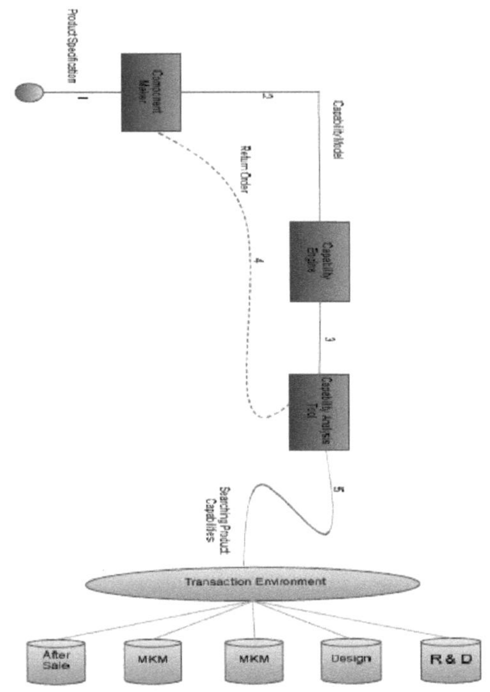

Figura 12: Corrente de transação de (CAT)

CONCLUSÃO

À medida que o mundo avança para as tecnologias, cada vez mais investigação e estudo estão a ser realizados. Os engenheiros estão sempre a estudar e a trabalhar para encontrar uma solução para os problemas. Isto resulta no desenvolvimento de novas tecnologias. A introdução de novas tecnologias no mercado leva à concorrência, tornando o mercado um lugar imprevisível para as empresas se manterem estáveis. E, devido a esta situação, precisamos de ter um sistema. Este sistema é designado por sistema flexível. Mas para ter um sistema flexível, devemos ter um acesso fácil e rápido aos recursos, capacidades e competências em diferentes situações.

Este livro tem sido um modelo de informação e conhecimento baseado em competências para a intra-empresa. Foi construído um modelo de informação e conhecimento baseado em capacidades para o laboratório de fabrico integrado por computador (CIM) da Universidade do Mediterrâneo Oriental (EMU CIM lab). Para concluir, a metodologia de investigação desta tese está dividida em três fases, nomeadamente: fase de requisitos, fase de conceção e desenvolvimento e fase de implementação. A Linguagem de Modelação Unificada (UML) é utilizada como linguagem de modelação. A fase de requisitos é constituída por três tipos de diagramas, nomeadamente: diagrama de casos de utilização, que apresenta o sistema a um nível elevado de comunicação, diagrama de sequência, que mostra o funcionamento dos processos, e diagrama de actividades, que ilustra todo o fluxo do sistema. A fase de conceção e desenvolvimento trata da identificação e classificação da informação relacionada com os recursos e processos e o conhecimento correspondente. Nesta fase, são necessários diagramas de classes e diagramas de objectos adequados. Na fase de implementação, com base nos resultados das fases anteriores, é concebida uma ferramenta de análise de capacidades.

Com esta ferramenta, a empresa não precisa de passar muito tempo numa situação crítica para tomar uma decisão. Ajudaria em pouco tempo, depois de prever as capacidades do produto como entrada no sistema, a tomar decisões sobre como produzir e escolher o método de produção económico. O resultado deste trabalho é a melhoria da tomada de decisões e, finalmente, a entrada nos mercados globais com capacidade de mudança para a concorrência.

Trabalho futuro

De facto, concebemos uma arquitetura para uma ferramenta de análise de capacidades em fase de implementação, mas, no futuro, esta arquitetura pode ser desenvolvida para ser utilizada entre empresas, com o apoio da rede. Por exemplo, se muitas empresas colaboram entre si, podem melhorar as suas capacidades utilizando esta arquitetura para criar modelos de competências. Este trabalho ajuda a empresa a não devolver a encomenda ao cliente devido a capacidades insuficientes.

More
Books!

info@omniscriptum.com
www.omniscriptum.com
OMNIScriptum

Printed by Books on Demand GmbH, Norderstedt / Germany